Steffen Kruppa

Die Highlands - unberührter Naturraum und/oder touristisches Potential

GRIN Verlag

Bibliografische Information der Deutschen Nationalbibliothek:

Die Deutsche Bibliothek verzeichnet diese Publikation in der Deutschen Nationalbibliografie; detaillierte bibliografische Daten sind im Internet über http://dnb.d-nb.de/ abrufbar.

Impressum:

Druck und Bindung: Books on Demand GmbH, Norderstedt Germany
ISBN: 978-3-638-67474-4

Dieses Buch bei GRIN:

http://www.grin.com/de/e-book/70900/die-highlands-unberuehrter-naturraum-und-oder-touristisches-potential

Universität Augsburg
Steffen Kruppa
Institut für Geographie
Lehrstuhl für Sozial- und Wirtschaftsgeographie
HS Schottland
SS 2004

Die Highlands-
Unberührter Naturraum und/oder touristisches Potential

Schottlands peripherer Nordwesten

Der Begriff Highlands ist geographisch nicht genau bestimmt. In der britischen Landeskunde versteht man darunter den gebirgigen Norden Schottlands, nördlich und westlich der Linie Firth of Clyde – Crieff – Blairgowrie – und entlang des Gebirgsrandes der Grampian Mountains bis Inverness. Das Gebiet der Highlands lässt sich entlang der Bruchlinie des Kaledonischen Grabens (von Fort William bis Inverness) in die nordwestlichen Highlands und die Grampian Mountains unterteilen. Seit der 1996 durchgeführten administrativen Gliederung Schottlands besteht die Region Highlands, die den nordwestlichen Teil des schottischen Festlandes sowie die Insel Skye umfasst. Die 1991 gegründete „Highlands and Islands Enterprise" (HIE), der die Aufgabe der regionalen Wirtschaftsförderung und Umweltverbesserung zukommt, ist neben der Region Highlands auch für die Inselgebiete der Orkneys, der Shetlands, der äußeren und inneren Hebriden sowie für die Region Argyll and Bute zuständig.

Diese Planungsregion der HIE umfasst zwar 43,7 % der Fläche Schottlands, weist mit 366.000 Einwohnern jedoch nur einen Anteil von 7,14 % an der schottischen Bevölkerung auf, was einer durchschnittlichen Bevölkerungsdichte von 8 Einwohnern pro km² entspricht (vgl. The Stationery Office 2001, S. 24). Dass die Highlands, insbesondere der Westen und Norden, „als ein von Bevölkerungsabwanderung bedrohter und durch Strukturverkümmerung gekennzeichneter Peripherraum" (Wehling 1982, S. 16) gelten, liegt u. a. an der naturräumlichen Ausstattung, einer mangelnden wirtschaftsräumlichen Erschließung, einer in den vergangenen Jahrhunderten verfehlten Wirtschaftsentwicklung und der wirtschaftlichen Abhängigkeit von anderen Räumen Großbritanniens. Wirtschaftsräumliche Probleme ergeben sich in den Highlands v. a. aus dem schlecht ausgebauten Verkehrsnetz und der unausgeglichenen Verteilung städtischer Zentren.

Kulturlandschaftsveränderung

Das Gesellschaftssystem der Highlands basierte ursprünglich auf dem Clansystem, das das Land als Gemeinbesitz ansah. Das Oberhaupt, der „clanchief", war mit jedem Clanmitglied durch Abgaben- und Schutzpflichten verbunden. Nach der im Jahre 1746 gegen die Engländer verlorenen Schlacht bei Culloden wurde das Clansystem zerschlagen. Im Jahr 1780 wurden die ehemaligen „clanchiefs" als Feudalherren mit grundherrlichen Rechten durch die Invasoren eingesetzt. Das Hauptanliegen der Clananführer lag von diesem Zeitpunkt an darin, die Wirtschaftskraft der im Land produzierten Landgüter zu steigern. Im Zuge der sich entwickelnden Textilindustrie seit Beginn des 19. Jahrhunderts sahen die „clanchiefs" in der Umstellung der Agrarstruktur auf eine extensive Schafhaltung die größte Profitmöglichkeit. In der Folge setzten die sog. „Highland Clearances" ein, die Vertreibung der Bauern des zentralen Hochlandes in die Küstenräume, da das bisher angewandte „mixed farming" der Verwirklichung einer großflächigen Schafhaltung entgegenstand. An den Küsten wurden den aus dem Landesinneren abgewanderten Bauern von den Grundherren durchschnittlich 0,8 ha große Parzellen, die „crofts", zugewiesen, wobei „die als „crofting" bezeichnete landwirtschaftliche Nutzung [...] sowohl ackerbauliche [...], als auch die anteilsmäßige weidewirtschaftliche Nutzung der Allmende, des „common" [umfasste]" (Wehling 1985, S. 140). Die Pachtparzellen wurden bewusst so klein gehalten, damit die Bauern nicht ausschließlich vom Ackerbau leben konnten, sondern sich zusätzlich in den Profit versprechenden neuen Erwerbszweigen wie kelp-Wirtschaft (= Tanggewinnung für die chemische Industrie) und Küstenfischerei betätigen mussten. Auf Grund der starken konjunkturellen Abhängigkeit dieser Erwerbszweige, wanderten zwischen 1841 und 1861 aus dem Norden und Nordwesten Schottlands - letztlich als Folge der Clearances - etwa 100.000 Menschen v. a. nach Übersee sowie in die neu entstandenen englischen und schottischen Industriezentern ab.

Resultat dieser Kulturlandschaftsveränderung war schließlich eine Zerstörung der Sozialstruktur und eine Schmälerung des „physiogeographischen Entwicklungspotentials" (Wehling 1985, S. 143), was einen kontinuierlichen Bevölkerungsverlust bis in die 1960er Jahre nach sich zog.

Erst seitdem kann eine Ablösung der Abwanderungsbewegung zu Gunsten einer Binnenwanderung von den ländlichen Gemeinden in die Regionen Inverness und die Entwicklungsachse entlang des Kaledonischen Kanals konstatiert werden. Mehr als 60 % aller außerlandwirtschaftlichen Arbeitsplätze des Hochlands befanden sich 1991 entlang dieser Achse. In den übrigen Regionen der Highlands wird einer „Strukturverkümmerung“ spätestens seit der Gründung des „Highlands and Islands Development Board“ (HIDB) im Jahre 1965 (seit 1991 „Highlands and Islands Enterprise“) entgegengewirkt. Die Hauptaufgabe des HIDB bzw. der HIE liegt darin, Wirtschafts- und Infrastrukturmaßnahmen zu initiieren, um „sowohl die endogenen Potentiale marktorientiert weiterzuentwickeln als auch von außen in die Region getragene Wirtschaftsinteressen regional zu nutzen“ (Wehling 1991, S. 41/42). Darüber hinaus kommen den Highlands als „Intermediate Area“ neben der Regionalhilfe der Britischen Regierung auch ergänzende Zuschüsse der EU aus Mitteln des Europäischen Strukturfonds für wirtschaftliche Problemgebiete zu. Im Rahmen der EU-Strukturpolitik gelten die Highlands als Ziel 1-Region, wobei die Förderung der Entwicklung und der strukturellen Anpassung von Regionen mit Entwicklungsrückstand im Mittelpunkt des Interesses steht.

In Anlehnung daran versucht so auch das Europäische Raumentwicklungskonzept, die Entwicklung alternativer Wirtschaftszweige wie Forstwirtschaft und ländlichen Tourismus zu unterstützen.

Naturraum Highlands

Wird Schottland mit seinen weiten offenen Tälern, kahlen Hängen, Mooren und Weiden meist als das Bild eines unberührten Naturraumes wahrgenommen, täuscht dieser Eindruck über die wahren Sachverhalte hinweg. Während ursprünglich große Teile des Landes von natürlichen Kiefern-, Eichen- und Birkenwäldern bedeckt waren, setzte im Spätmittelalter eine jahrhundertlange Waldvernichtung ein, zu deren Ursachen u. a. Rodungen zwecks Siedlungsausweitung, Schiffbau, Intensivierung der Schafzucht und Eisenverhüttung zählten. Der Bedarf an Holzvorräten veranlasste die Regierung von Großbritannien nach dem ersten Weltkrieg, vereinzelt schnellwachsende Nadelbäume anzupflanzen.

Mit der Gründung einer staatlichen Forstbehörde, der „Forestry Commision", im Jahre 1919 setzten dann erstmals großflächigere Aufforstungen ein, wodurch die Forstwirtschaft gefördert und Holzvorräte für Großbritannien geschaffen werden sollten. Erfolgte das Anlegen der Forste lange Zeit relativ konzeptlos, wurde in den letzten beiden Jahrzehnten dazu übergegangen, integrierte Forstdesignpläne zu entwickeln, die die Landschaftsgestaltung in die Forstplanung miteinbezieht. Die Forstfläche in Schottland entspricht heute etwa 16,9 % der Gesamtfläche (vgl. The Stationery Office 2001, S. 464).

Die im Jahr 1992 erfolgte Aufteilung der „Forestry Commision" in die „Forest Authority" (mit Beratungs- und Finanzfunktion) und die „Forest Enterprise" (zuständig für Entwicklung und Management der Forste inklusive Holzproduktion, Naturschutz und Freizeitnutzung) spiegelt die verschiedenen Interessensphären dieser Institution wider. Lag das Hauptaugenmerk der Forstbehörde anfangs noch uneingeschränkt auf der Förderung der Forstwirtschaft als einer v. a. in den Highlands wichtigen Erwerbsmöglichkeit, so fand „auch die Wohlfahrtsfunktion des Waldes, insbesondere für den Erholungs-, Freizeit- und Fremdenverkehr" (Heineberg 1997, S. 54) zunehmend Berücksichtigung. Erholung Suchende können so in Großbritannien von der „Forestry Commision" verwaltete „Forest Parks" nutzen, von denen sich auch zwei in den schottischen Highlands befinden.

Der im Jahr 1935 als erster „Forest Park“ ausgewiesene Argyll Forest Park mit einer Fläche von 22.500 ha dient v. a. dem Ballungsraum Glasgow zur Naherholung. In einem durch Küsten- und Reliefgliederung gekennzeichneten Raum gelegen, verfügt dieser „Forest Park“ über ein System von Weitwanderwegen, einen botanischen Garten, forstliche Lehrpfade, Camping- und Picknickplätze sowie über fünf Jugendherbergen. Große Bestände an heimischen Kiefern findet man im Glen More Forest Park in den nordschottischen Cairngom Mountains, wo den Besuchern außerdem zahlreiche Wander-, Reit-, Angel- und Segelmöglichkeiten sowie ein Wintersportzentrum mit Skiliften zur Verfügung stehen. Auch das in den 60er Jahren errichtete Ferienzentrum Aviemore ist in unmittelbarer Nähe dieses Parks angesiedelt. Seit einiger Zeit betreibt die „Forest Enterprise“ unter dem Motto „Forest Holidays“ in diesen Parks auch kommerzielle Anlagen mit Ferienhütten sowie Camping- und Caravanplätzen.

Auf Grund der peripheren Lage und der geringen Bevölkerungsdichte der Highlands ließen sich in dieser Region umstrittene Nutzungen, wie etwa der Bau eines Atomkraftwerkes bei Thurso oder der Betrieb von Militäranlagen in Küstenbereichen, relativ einfach durchsetzen. Ziel des Naturschutzes in den Highlands ist es jedoch, weiteren unnatürlichen Landschaftsveränderungen und Umweltverschmutzungen vehement entgegen zu treten, um diesen eigenartigen Naturraum zu bewahren.

Weite Teile der Highlands wurden bereits wegen ihrer landschaftlichen Schönheit, ihrer Unberührtheit und ihrer ökologischen Vielfalt zu Landschafts- oder Naturschutzgebieten erklärt. In Schottland ist die mit öffentlichen Geldern finanzierte „Scottish Natural Heritage“ (SNH), für den Schutz und die Verbesserung des Naturerbes verantwortlich. So berät die SNH etwa die Schottische Regierung in puncto Naturschutzpolitik und fördert Projekte zum Naturschutz. Zwar wurden in Schottland bislang keine Nationalparks designiert, dennoch hat das SNH verschiedene Gebiete für den Naturschutz eingerichtet.

Bislang wurden in Schottland 40 landschaftlich besonders reizvolle Hochlandgebiete als „National Scenic Areas“ (Nationale Landschaftsschutzgebiete) ausgewiesen. Diese Gebiete liegen v. a. in schwach besiedelten Regionen, die durch extensive Schafhaltung und „crofting“ gekennzeichnet sind. Innerhalb der Grenzen dieser Landschaftsschutzgebiete, die sich zum größten Teil in Privatbesitz befinden, „soll die natürliche Umwelt vor schädigenden Einflüssen geschützt, jedoch eine Erholungsnutzung dort gefordert werden, wo sie dem Landschaftsschutz nicht zuwiderläuft“ (Wehling 1987, S. 36).

Nahezu die gesamte Nord- und Westküste der Highlands gehört der Gebietskategorie „Marine Consulting Areas“ an. Diese Küstenzonen zeichnen sich durch geomorphologische und biologische Besonderheiten aus. Alle planerischen Beeinflussungen dieses Gebietes müssen dort mit der SNH, als der für den Naturschutz zuständigen Behörde in Schottland, abgestimmt werden. Auch private Organisationen wie z. B. „National Trust of Scotland“ bringen erhebliche Mittel auf, um Küstenabschnitte mit besonderer Naturschönheit zu erwerben und diese zu schützen.

Eine weitere Gebietskategorie, die „National Nature Reserves“, verkörpern Naturschutzgebiete von nationaler Bedeutung, welche aufgrund ihres Reichtums an besonderen Tier- und Pflanzenarten für die Erholungsnutzung gesperrt sind. Das größte derartige Naturschutzgebiet der Highlands befindet sich nahe dem Ort Aviemore.

All diese Naturschutzgebiete unterliegen konkreten gesetzlichen Bestimmungen. Demgegenüber bleibt der Schutz der „Sites of Special Scientific Interest“ (SSSI) (= Stätten, die sich durch besondere Flora, Fauna und Geologie oder aber durch historische Bauten und Denkmäler ausweisen) auf das Verständnis der Grundbesitzer für das historische Landschaftserbe angewiesen (vgl. Wehling 1986, S. 36).

Seit 1987 werden in Großbritannien zudem „Environmentally Sensitive Areas“ (ESA) ausgewiesen, von denen sich auch einige in den Highlands befinden. Innerhalb dieser ESA wird insbesondere versucht, einen Ausgleich von Natur- bzw. Landschaftsschutz und landwirtschaftlicher Nutzung zu erlangen, um durch die agrarische Produktion entstehende Schäden und Verluste weitestgehend zu verhindern (vgl. Heineberg 1997, S. 61).

Neben dem Schutz der bestehenden Landschaft werden in den Highlands auch Projekte zur Renaturierung durchgeführt. Ein solches Projekt stellt u. a. das LIFE-Natur-

Projekt „Atlantischer Regenwald“ dar, welches das Ziel verfolgt, den vor ca. 300 Jahren zerstörten atlantischen Regenwald, der sich v. a. an der schottischen Westküste befand, an fünf Modellstandorten wieder herzustellen. Dabei soll sowohl die Entfernung von Koniferen als auch die Reduzierung des im schottischen Hochland sehr hohen Weidedrucks (in Schottland ist die Dichte des Rehwildes zehnmal höher als auf dem europäischen Festland) dazu beitragen, wieder ein ursprüngliches Landschaftsbild zu schaffen. Um eine möglichst breite Unterstützung für dieses Projekt zu erreichen, hat man die Kommunikation mit den Betroffenen durch den Einsatz örtlicher Planungsteams verstärkt. Diese Teams, in denen Mitarbeiter aus den örtlichen Natur- und Landschaftsschutzbehörden sowie aus der „Forestry Commision“ mitwirken, kooperieren partnerschaftlich mit den einzelnen Landbesitzern (vgl. Clifford 1998, S. 5). Im Falle einer Wiederaufforstung natürlicher Wälder erhalten die Grundbesitzer u. a. einen Zuschuss aus einem Fonds der Britischen Regierung.

Die Zusammenarbeit im Rahmen des LIFE-Projektes soll wesentlich zur Entwicklung von Managementmethoden für die Umsetzung nachhaltiger Landnutzungssysteme beitragen. Bereits nach kurzer Zeit hat sich in Schottland so z.B. ein Markt für Hartholz-Produkte entfalten können.

In Anbetracht des sehr ländlich geprägten Gebietes der Highlands stellt sich die Frage, ob der Fokus eher auf eine Veränderung des Landschaftscharakters und intensiv betriebene Forstwirtschaft gelegt oder das Interesse verstärkt auf den vom gegenwärtigen Landschaftsbild abhängigen Tourismus gerichtet werden soll. Um den richtigen Weg für die Zukunft zu finden, ist es notwendig, Vor- bzw. Nachteile für die dadurch tangierten Bereiche einander gegenüber zu stellen. Unter dem Gesichtspunkt der Schaffung von Arbeitsplätzen, erfordert der Tourismus zwar viele (im Jahr 1997 44.340 Beschäftigte), allerdings überwiegend saisonale Arbeitskräfte, während die Forstwirtschaft wenige (im Jahr 1997 4.000 Erwerbstätige), jedoch ganzjährige Arbeitsplätze bereitstellt (Zahlenangaben vgl. Highlands and Islands Enterprise).

Tourismus in den Highlands

Wenn von Schottland als Urlaubsland die Rede ist, wird damit meistens das Gebiet der Highlands angesprochen. Besonders die Einsamkeit und Vielfalt dieser Region faszinieren die Touristen. Ein erheblicher „Einfluss auf die touristische Attraktivität und nachhaltige Wirkung auf das (inter)nationale Image Schottlands [...]" (Wehling 2000, S. 29) ging zweifellos von Sir Walter Scott aus, der mit seinen romantischen, historischen Romanen ein weltweites Interesse an der schottischen Landschaft und Geschichte weckte. Sein Anliegen war es, durch topographisch genaue Beschreibungen Engländern und Lowland-Schotten die schottische Sprache, Sitten und Geschichte näher zu bringen. Scotts Einfluss ging jedoch weit über das Literarische hinaus. Er gründete kulturhistorische Vereine wie z. B. die „Highland Society" und seit 1815 werden nach dem Vorbild einer seiner Romane an vielen Orten die heute als Touristenmagneten fungierenden „Highland Games" durchgeführt. Diese Feste haben ihren Ursprung in der vor ca. 1.000 Jahren von König Malcom Canmore in Braemar ins

Leben gerufenen Sportveranstaltung und dienten nach ihrer Wiedereinführung durch Scott dem Ziel, den „Clangedanken" zu beleben. Walter Scott deklarierte außerdem die Hochlandkultur aus der Zeit vor der Unterwerfung durch die Engländer, repräsentiert durch Tartans, keltische Kreuze und piktische Steine, zur gesamtschottischen Kultur. Da die Anglisierung der Lowland-Schotten zu dieser Zeit bereits weit fortgeschritten war, ist es durchaus möglich, dass die schottische Kultur ohne Scotts „Wiederbelebung" Gefahr gelaufen wäre, in Vergessenheit zu geraten. Die Aufwertung der Clans und der Wandel des Kilts vom unpopulären zum aristokratischen Kleidungsstück wirkten verstärkend auf die von Scott initiierte Aufrechterhaltung der schottischen Kultur, welche heutzutage für den Tourismus eine wichtige Rolle spielt.

Auch Queen Victoria verhalf mit der Einrichtung ihres Sommersitzes auf dem Schloss von Bamoral im Jahr 1856 zu einer Belebung des frühen Tourismus, da so das Interesse vieler Adliger und Angehörigen des Bürgertums am Hochland als Urlaubsort geweckt wurde. Mit der im Laufe des 19. Jahrhunderts durch den Bau von Eisenbahnlinien einsetzenden verkehrstechnischen Erschließung nahm v. a. für die an der südlichen Westküste gelegenen Seebadeorte wie Oban oder Rothesay der Tourismus wesentlich zu. Des Weiteren vollzog sich durch das Vorhandensein eines Eisenbahnnetzes auch ein Wandel vom Individualtourismus hin zu organisierten Gruppenreisen. Thomas Cooks 1846 einsetzendes Angebot an Eisenbahn- und Schiffsreisen quer durch Schottland wurde allein in den ersten 20 Jahren von etwa 40.000 Menschen genutzt. Doch auch für Individualreisende blieben die Highlands interessant, wobei u. a. die unzähligen Möglichkeiten differenzierter Freizeitgestaltung wie etwa Golf spielen, jagen, angeln oder wandern für viele Adelige und Unternehmer den Anreiz boten, diese Region zu besuchen.

Mit dem Ausbau des Straßennetzes und steigendem Motorisierungsgrad wurden die peripher gelegenen Highlands zum Reiseziel einer großen Anzahl nationaler Touristen. Die Errichtung von Flughäfen öffnete die Highlands schließlich auch für den internationalen Tourismus. In einer Zeit, in der auch in Großbritannien der Auslandstourismus an Beliebtheit gewann, verlor das Hochland „weitgehend die finanziellen Eliten oder war nicht mehr deren bevorzugtes

Reiseziel, sondern wurde zum Urlaubsziel breiterer Bevölkerungsschichten“ (Wehling 2000, S. 30).

Um der Vielfalt des Hochlandes gerecht zu werden, wurden Teilregionen entsprechend ihrem Potential mit differenzierten Freizeiteinrichtungen ausgestattet. So wurden etwa die bergigen Gebiete auf Skye, am Ben Nevis und in den Grampian Mountains für das Bergwandern erschlossen und die Ebene um den Moray Firth mit zahlreichen Golfplätzen versehen. Die Orte an der Südwestküste wurden verstärkt auf den Segelsport ausgerichtet und in den nördlicheren Küstenorten bis nach Caithness wurde das Hochseeangeln gefördert. Auf Grund relativer Schneesicherheit im Winter sind in der Region um den Ben Nevis und in den Grampian Mountains außerdem fünf Skigebiete entstanden. Die Attraktivität der Highlands für den Tourismus gewährleisten schließlich auch die Natur- und Landschaftsschutzgebiete. Mit der Einrichtung von „Forest Parks“ inklusive Campingplätzen und Lehrwanderpfaden sowie der Gründung von Besucherzentren oder auch der Öffnung von Schlössern für Besucher wurden weitere Maßnahmen ergriffen, um das touristische Interesse zu steigern.

Für die touristische Entwicklung und Vermarktung im Bereich des schottischen Hochlandes ist „The Highlands of Scotland Tourist Board“ zuständig. Diese Behörde erlässt in Zusammenarbeit mit der Kommunalverwaltung „The Highland Council“ Pläne und Maßnahmen, welche im Einklang mit den von der SNH ausgewiesenen Gebietskategorien stehen müssen. Für die finanzielle Förderung des Fremdenverkehrs in den Highlands ist die HIE verantwortlich. Diese für Wirtschaftsförderung und Umweltverbesserung zuständige „Quango-Behörde“ (Quasi-autonomous non-governmental Organisation) steht, wie auch die SNH, außerhalb der Beziehung von Zentralregierung und Kommunalverwaltung und wird vom schottischen „First Minister“ ernannt.

Innerhalb Schottlands weist die Region Highlands and Islands mit 4,67 Mio. Besuchern nach den Regionen Strathclyde mit Glasgow und Lothians mit Edinburgh die dritthöchste Anzahl an Touristen auf, wobei sich deren Ausgaben in den Highlands im Jahre 2002 auf 1054 Mio. £ beliefen (vgl. Scotland 2002, S. 2). Mit der Entwicklung Großbritanniens zu einem Hochpreisland, kam es Ende der 1980er erstmals zu einer Stagnation des Wachstums im Bereich Fremdenverkehr. Zu dieser Zeit wurde erstmals die regionalwirtschaftliche Bedeutung dieses Wirtschaftszweiges erkannt und seine Strukturen genauer untersucht. Das Tourismusgewerbe in Schottland, das 8 % der schottischen Arbeitsplätze stellt, ist auf Grund des hohen Anteils von Familienbetrieben mit teilweise bis zu zehn Angestellten weit verzweigt. Die Bettenkapazität betreffend verhält es sich etwa so, dass 25 % der Betten auf 3 % der Hotels verteilt sind (vgl. Wehling 2000, S. 32). Neben den Hotels, auf die 29 % der Übernachtungen fallen, nehmen kleinere „Bed and Breakfast“ - Betriebe mit 27 % der Übernachtungen einen wichtigen Platz in der Tourismusstruktur der Highlands ein (vgl. Highlands Visitor Survey 2002, S. 12).

Die Haupttouristensaison dauert in den Highlands von Mai bis September und erreicht im August ihren Höhepunkt. Damit ist die Tourismusbranche hauptsächlich auf saisonale Arbeitskräfte sowie Teilzeitbeschäftigte angewiesen. Der größte Teil der

Highland-Besucher stammt mit 77 % aus dem Vereinigten Königreich selbst. In der Gruppe ausländischer Touristen kommen insgesamt 14 % aus Europa, u .a.

5 % aus Deutschland, und 4 % aus den USA (vgl. Highlands Visitor Survey 2002, S. 14). Einer Umfrage des Highlands Visitor Survey 2002 zufolge hielten sich die Befragten bei einem Gesamtaufenthalt in Schottland von 8,9 Tagen im Durchschnitt 6,9 Tage in den Highlands auf. Da der Tourismus im Hochland häufig die Form eines Rundreisetourismus annimmt, haben sich auf regionaler Ebene viele Hotels zu Marketinggruppen zusammengeschlossen. Außerdem versuchen diese, Kontakt zu Hotelketten im übrigen Großbritannien zu knüpfen, um attraktive Pauschalangebote für ausländische Besucher anbieten zu können.

Von den 18,5 Mio. Besuchern im Jahr 2002 aus dem Inland reisten 63 % mit dem Auto, 12 % mit dem Flugzeug und 11 % mit der Bahn nach Schottland. Die 1,58 Mio. Reisenden aus dem Ausland kamen zu 81 % per Flugzeug, zu 15 % per Schiff und 4 % der Besucher nahmen den Eurotunnel in Anspruch (vgl. Scotland 2002, S. 4).

Inverness rangiert in der Liste der meist besuchten Regionen in den Highlands an erster Stelle. Es zieht 56 % aller Highland-Urlauber hierher, wovon 36 % auch dort residieren.

Besonders anziehend wirkt dieses Gebiet auf ausländische Gäste, die dieses in 82 % der Fälle aufsuchen und auch zu 64 % dort übernachten. Gefolgt wird die Region um Inverness von Lochaber mit Besuchen von 45 % und einem Übernachtungsanteil von 33 %. Die Highland-Bewohner selbst fahren zur Erholung oft in die weniger gut erschlossenen und weiter nördlich gelegenen Regionen wie Caithness und Sutherland, während die übrigen Schotten die Naherholungsgebiete nahe Glasgow relativ häufig nutzten.

Eine Herausforderung für den Tourismus im Hochland stellt der Aspekt dar, dass es bisher nur schlecht gelungen ist, Familien mit Kindern anzuziehen. 56 % der Reisenden sind Paare ohne Kinder, wovon die Mehrzahl mittleren Alters ist. Wesentliche Gründe für jüngere Leute mit Familie sich gegen einen Urlaub im Norden Schottlands zu entscheiden, sind v. a. das hohe Preisniveau, das schlechte Wetter und fehlende „Fun- und Entertainmenteinrichtungen“. Solche Einrichtungen könnten nicht nur jungen Menschen, sondern auch englischen Urlaubern einen neuen Anreiz bieten. Denn während für ausländische Touristen „die traditionellen Images das Markenzeichen Schottlands“ (Wehling 2000, S. 32) sind, genügt dem britischen Besucher angesichts eines häufig vergleichbaren kulturellen Erbes zuhause Landschaft und Kultur als Attraktion meist nicht mehr. Vor diesem Hintergrund wurden im Jahr 1994 in einem „Strategic Plan“ drei Teilziele aufgestellt, die künftige Marketingstrategien verfolgen sollten. Tourismusattraktionen und Beherbergungsmöglichkeiten sollen sowohl auf die Interessen von In- als auch von Ausländern ausgerichtet werden. Außerdem soll der Tourismus als wichtiger Wirtschaftszweig mit Nachdruck gefördert werden, damit eine Vor- und Nachsaison ausgeschrieben und der Bau von touristischen Einrichtungen in allen Regionen Schottlands intensiviert werden kann. Schließlich soll den Beschäftigten in der Fremdenverkehrsbranche eine Aus- und Weiterbildung finanziell ermöglicht werden, damit dauerhaft hochwertige Arbeitsplätze gesichert werden können. Die Entwicklung des Tourismus sollte in Zukunft dem Aspekt der Nachhaltigkeit genügen, denn das Potential des Tourismus, insbesondere in den Highlands, bietet in erster Linie eine bewahrte Natur.

Fazit

Auf Grund der geographischen Abseitslage der Highlands am Rande Europas ist es das primäre Ziel der Regionalplanung, durch Wirtschaftsförderung die ökonomische Basis der Region zu vergrößern. Dabei wird der Versuch unternommen, sowohl traditionelle Wirtschaftszweige zu fördern und zu modernisieren als auch neue Wachstumsindustrien anzusiedeln. In den letzten beiden Jahrzehnten hat sich der Tourismus als Wachstumsbranche herausgebildet. Angesichts des großen, noch unausgeschöpften Potentials, das diese Branche birgt, ist für die nahe Zukunft auf diesem Gebiet kein Rückgang zu erwarten. Auch werden durch den Fremdenverkehr Arbeitsplätze in anderen Wirtschaftszweigen geschaffen und infrastrukturelle Einrichtungen erhalten. „In diesem Sinne wirkt er der Entvölkerung entgegen, stärkt die lokale Kultur und trägt dazu bei, die Natur- und Kulturlandschaft zu erhalten" (Wehling 2000, S.34). Als Grundlage des Highland-Tourismus stellt die weite, scheinbar unberührte Natur einen Wert dar, den es zu bewahren gilt.

Literaturverzeichnis

1. Birken, A.: Kleiner Landschaftsspiegel. In: Merian Schottland. 1979, S. 20-21
2. Cilfford, T.: Landnutzer und Naturschützer setzten sich mit vereinten Kräften für Schottlands atlantischen Eichenwald ein. In: Natura 2000. Naturschutz-Infoblatt der Europäischen Kommission, GD XI. Ausgabe 7/1998, S. 4-5
3. George Street Research Limited: Highland Visitor Survey – Full-year Report (May 2002 to April 2003). Edinburgh, 2003
4. Heineberg, H.: Großbritannien. Gotha, 1997
5. Highlands and Islands Enterprise: Highlands and Islands Area Profiles 2003. http://www.hie.co.uk, 16.04.2004
6. Jäger, H.: Großbritannien. Darmstadt, 1976
7. Star UK: Scotland 2002 – Key Facts of Tourism in Scotland 2002. http://www.staruk.org.uk, 11.02.2004
8. The Stationery Office: UK 2002: The official yearbook of Great Britain and Northern Ireland. London, 2001
9. Wehling, H.-W.: Strukturwandel ländlicher Siedlungen im schottischen Hochland – Gegenwärtige Tendenzen und zukünftige Perspektiven. In: Geographische Zeitschrift. Heft 2/1982, S. 127-143
10. Wehling, H.-W.: Die Highlands und Islands Nordschottlands. In: Geographische Rundschau. Heft 3/1985, S. 137-146
11. Wehling, H.-W.: Das schottische Hochland. Köln, 1987
12. Wehling, H.-W.: Jüngere Tendenzen in der wirtschaftlichen Entwicklung Schottlands. In: Geographische Rundschau. Heft 1/1991, S. 34-43
13. Wehling, H.-W.: Tourismus in Schottland. In: Geographische Rundschau. Heft 1/2000, S. 27-34